since 1890
受験研究社

# できたよシール

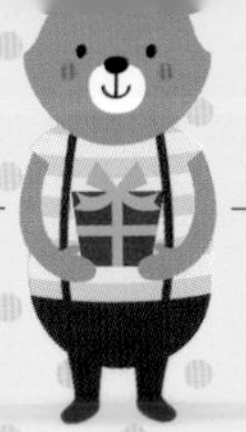

● よくできたとき，よく頑（がん）… りましょう。

JN065165

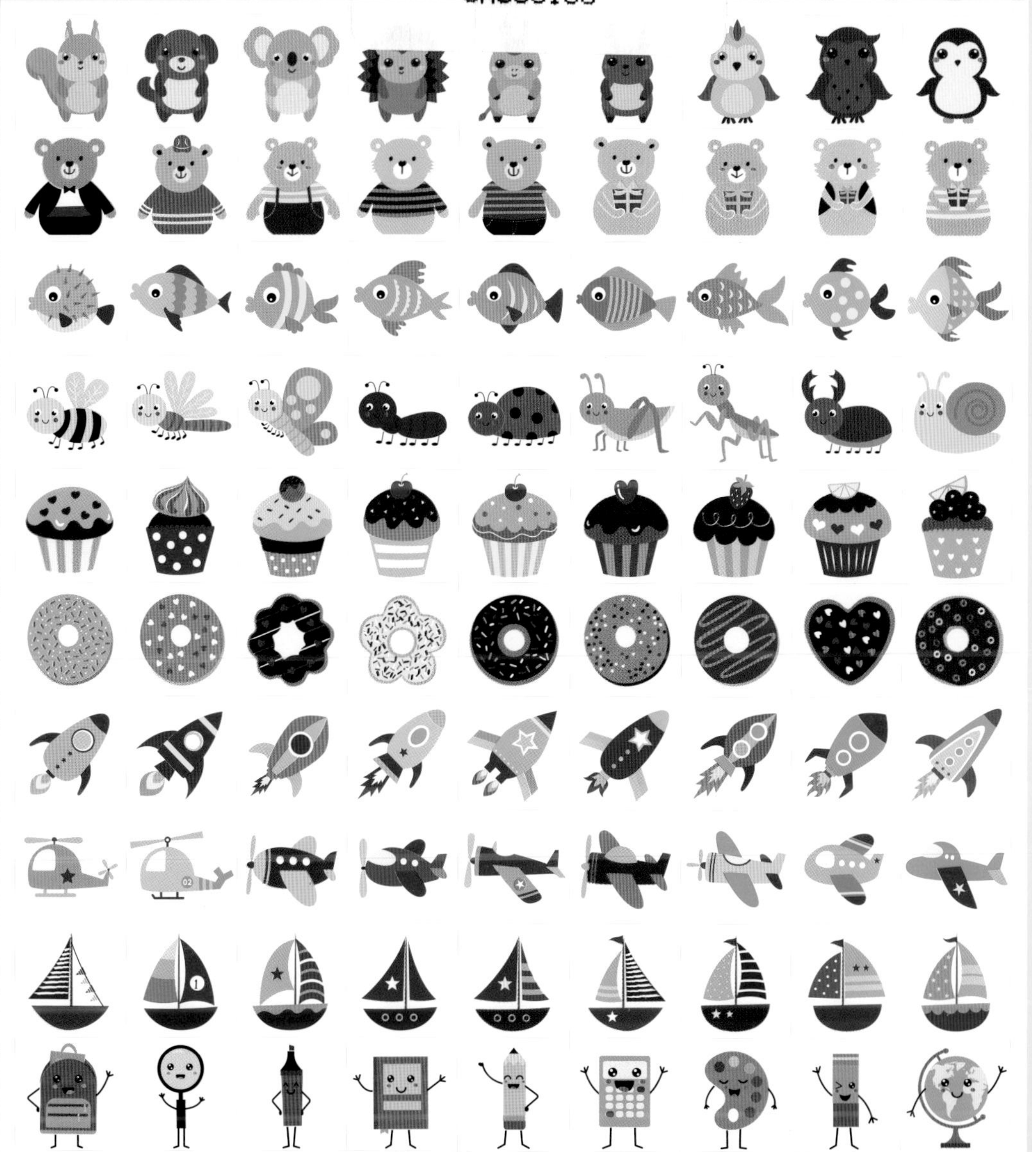

Ⓔ

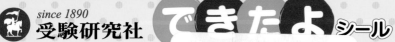

# たし算 ①

**1** 計算を　しましょう。

❶ 53+30

❷ 24+62

❸ 13+24

❹ 71+27

❺ 42+50

❻ 35+43

❼ 62+35

❽ 17+52

❾ 62+26

❿ 57+11

⓫ 21+52

⓬ 66+31

⓭ 79+20

⓮ 38+40

# たし算 ②

シール

**1** 計算を しましょう。

① 28+2

② 43+7

③ 53+9

④ 24+8

⑤ 36+5

⑥ 67+4

⑦ 83+9

⑧ 76+7

⑨ 48+5

⑩ 64+8

⑪ 56+5

⑫ 37+4

⑬ 24+9

⑭ 75+8

# ひき算 ①

## 1 計算を しましょう。

❶ 47−30

❷ 33−12

❸ 56−41

❹ 78−65

❺ 69−13

❻ 67−26

❼ 84−50

❽ 42−21

❾ 65−33

❿ 53−42

⓫ 97−84

⓬ 36−20

⓭ 48−16

⓮ 99−63

答えは 71 ページ☞

# ひき算 ②

**1** 計算を　しましょう。

❶ 21−5

❷ 64−8

❸ 65−8

❹ 33−7

❺ 23−9

❻ 76−7

❼ 84−9

❽ 91−5

❾ 43−8

❿ 45−6

⓫ 62−3

⓬ 51−8

⓭ 43−9

⓮ 75−7

## まとめテスト ①

**1** 計算を　しましょう。

① 13+9

② 45+7

③ 54+20

④ 33+8

⑤ 25+6

⑥ 82+12

⑦ 65+9

⑧ 15+80

⑨ 26+71

⑩ 79+2

⑪ 44+7

⑫ 68+10

⑬ 59+6

⑭ 47+52

# まとめテスト ②

**1** 計算を しましょう。

**❶** 26−9

**❷** 73−7

**❸** 47−13

**❹** 54−7

**❺** 70−2

**❻** 95−6

**❼** 83−42

**❽** 48−33

**❾** 67−8

**❿** 56−9

**⓫** 81−60

**⓬** 39−17

**⓭** 76−8

**⓮** 92−50

# たし算の ひっ算 ①

## 1 計算を しましょう。

❶
```
   2 6
+    3
```

❷
```
   1 8
+ 5 0
```

❸
```
      4
+ 4 5
```

❹
```
   7 0
+ 2 6
```

❺
```
   5 4
+    2
```

❻
```
   3 5
+ 6 0
```

❼
```
      3
+ 4 2
```

❽
```
   2 0
+ 4 9
```

❾
```
   7 2
+    7
```

❿
```
   7 3
+ 1 0
```

⓫
```
      8
+ 5 1
```

⓬
```
   3 0
+ 4 6
```

答えは 72 ページ

たし算の　ひっ算 ②

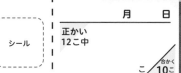

月　　日

正かい
12こ中

こ　／合かく **10**こ

**1** 計算を　しましょう。

① 　 23
　 + 　8

② 　　 2
　 +59

③ 　 84
　 + 　7

④ 　　 4
　 +66

⑤ 　 36
　 + 　7

⑥ 　　 4
　 +79

⑦ 　 42
　 + 　9

⑧ 　　 7
　 +85

⑨ 　 56
　 + 　5

⑩ 　　 8
　 +34

⑪ 　 79
　 + 　3

⑫ 　　 7
　 +23

くり上がりに
気を　つけよう。

答えは 72 ページ ☞

たし算の ひっ算 ③

## 1 計算を しましょう。

❶　　43
　　＋18

❷　　56
　　＋27

❸　　29
　　＋45

❹　　62
　　＋29

❺　　17
　　＋43

❻　　27
　　＋65

❼　　78
　　＋15

❽　　53
　　＋38

❾　　24
　　＋28

❿　　44
　　＋46

⓫　　25
　　＋16

⓬　　37
　　＋23

答えは 72 ページ

# ひき算の ひっ算 ①

シール

月　日

正かい
12こ中

こ／合かく 10こ

**1** 計算を しましょう。

❶
```
  6 5
- 2 0
```

❷
```
  8 9
- 1 7
```

❸
```
  4 4
- 2 1
```

❹
```
  5 8
- 2 3
```

❺
```
  7 6
- 5 2
```

❻
```
  9 4
- 3 0
```

❼
```
  3 7
- 2 6
```

❽
```
  6 9
- 5 3
```

❾
```
  7 8
- 6 4
```

❿
```
  8 6
- 3 3
```

⓫
```
  4 8
- 2 5
```

⓬
```
  9 9
- 4 2
```

答えは 72 ページ☞

## LESSON 11

# ひき算の ひっ算 ②

シール

月　　日

正かい
12こ中

こ／合かく10こ

---

**1** 計算を しましょう。

❶
```
  24
-  6
────
```

❷
```
  30
-  5
────
```

❸
```
  92
-  7
────
```

❹
```
  50
-  7
────
```

❺
```
  82
-  4
────
```

❻
```
  55
-  7
────
```

❼
```
  47
-  9
────
```

❽
```
  40
-  2
────
```

❾
```
  85
-  8
────
```

❿
```
  61
-  3
────
```

⓫
```
  73
-  5
────
```

⓬
```
  90
-  2
────
```

くり下がりに
気を つけよう。

11

答えは 72 ページ☞

# ひき算の ひっ算 ③

**1** 計算を しましょう。

❶
```
  6 2
− 3 4
```

❷
```
  4 6
− 3 8
```

❸
```
  7 4
− 1 6
```

❹
```
  9 3
− 2 7
```

❺
```
  6 6
− 3 9
```

❻
```
  9 1
− 5 7
```

❼
```
  3 5
− 1 9
```

❽
```
  7 2
− 5 6
```

❾
```
  8 3
− 1 5
```

❿
```
  5 4
− 1 8
```

⓫
```
  7 7
− 1 9
```

⓬
```
  9 6
− 6 7
```

答えは 72 ページ☞

# まとめテスト ③

**1** 計算を しましょう。

① 　　14
　　+30

② 　　25
　　+13

③ 　　63
　　+24

④ 　　32
　　+47

⑤ 　　25
　　+ 5

⑥ 　　33
　　+ 8

⑦ 　　82
　　+ 9

⑧ 　　46
　　+ 4

⑨ 　　16
　　+25

⑩ 　　37
　　+14

⑪ 　　79
　　+15

⑫ 　　53
　　+27

答えは 72 ページ

# まとめテスト ④

**1** 計算を しましょう。

❶　　35
　　−20

❷　　49
　　−13

❸　　56
　　−34

❹　　77
　　−45

❺　　21
　　− 6

❻　　80
　　− 2

❼　　33
　　− 6

❽　　65
　　− 9

❾　　44
　　−17

❿　　56
　　−28

⓫　　72
　　−17

⓬　　97
　　−69

答えは 72 ページ☞

LESSON

# 15

長さの 計算 ①

シール

月　　日

正かい
7こ中

こ　／合かく
　　　6こ

**1** 計算を しましょう。

❶ 24 cm＋3 cm

1 cm は
10 mm だね。

❷ 6 mm＋2 mm

❸ 3 cm 5 mm＋4 cm

❹ 5 cm 7 mm＋9 cm

❺ 4 cm 3 mm＋5 mm

❻ 6 cm 2 mm＋8 mm

❼ 50 cm 5 mm＋10 cm 2 mm

LESSON
# 16

長さの　計算 ②

シール

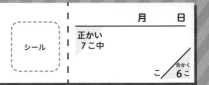

月　　日

正かい
7こ中

こ／合かく
6こ

**1** 計算を　しましょう。

❶ 55 cm−6 cm

❷ 14 mm−7 mm

❸ 9 cm 3 mm−7 cm

❹ 5 cm 2 mm−4 cm

❺ 8 cm 7 mm−4 mm

❻ 6 cm 9 mm−9 mm

❼ 13 cm 5 mm−12 cm 2 mm

答えは 73 ページ

# LESSON 17　かさの　計算 ①

シール

月　日

正かい
7こ中

こ ／ 合かく 6こ

---

**1** 計算を　しましょう。

❶ 2 L＋1 L

❷ 4 dL＋6 dL

❸ 1 L 3 dL＋2 dL

❹ 2 L 5 dL＋4 dL

❺ 1 L 3 dL＋7 dL

❻ 3 L 4 dL＋1 L 2 dL

❼ 1 L 5 dL＋1 L 3 dL

**17**

答えは73ページ☞

LESSON
# 18

## かさの 計算 ②

シール

正かい
7こ中

月　　日

こ／合かく 6こ

**1** 計算を しましょう。

❶ 5 L－2 L

❷ 8 dL－3 dL

❸ 2 L 7 dL－5 dL

❹ 3 L 4 dL－2 dL

❺ 4 L 5 dL－5 dL

❻ 2 L 6 dL－1 L 3 dL

❼ 3 L 9 dL－3 L 4 dL

答えは 73 ページ ☞

# 時間の　計算 ①

**1** つぎの　時こくを　もとめましょう。

❶ 9時30分の　1時間後

[　　　　　　　]

❷ 3時15分の　2時間前

[　　　　　　　]

❸ 11時20分の　10分後

[　　　　　　　]

❹ 1時40分の　20分前

[　　　　　　　]

❺ 6時58分の　30分前

[　　　　　　　]

❻ 10時35分の　17分後

[　　　　　　　]

答えは 73 ページ☞

LESSON
20

時間の 計算 ②

シール

月　　　日

正かい
6こ中

こ／合かく
　　5こ

**1** つぎの 時間を もとめましょう。

❶ 8時から 10時まで

[　　　　　]

❷ 4時から 11時まで

[　　　　　]

❸ 7時30分から 8時まで

[　　　　　]

❹ 3時10分から 3時50分まで

[　　　　　]

❺ 10時15分から 10時35分まで

[　　　　　]

❻ 11時9分から 11時57分まで

[　　　　　]

答えは73ページ

# まとめテスト ⑤

**1** 計算を しましょう。

❶ 7 cm 6 mm+2 cm

❷ 6 cm 5 mm+4 mm

❸ 7 cm 4 mm−5 cm

❹ 12 cm 3 mm−1 mm

❺ 2 L 4 dL+6 dL

❻ 4 L 8 dL−2 dL

❼ 2 L−5 dL

答えは 73 ページ

LESSON
22

まとめテスト ⑥

シール

月　　日

正かい
6こ中

こ／合かく
5こ

**1** つぎの　時こくや　時間を　もとめましょう。

❶ 8時20分の　2時間後の　時こく

[　　　　　　　　　　]

❷ 1時30分の　18分後の　時こく

[　　　　　　　　　　]

❸ 7時51分の　32分前の　時こく

[　　　　　　　　　　]

❹ 3時から　3時15分までの　時間

[　　　　　　　　　　]

❺ 2時25分から　2時50分までの　時間

[　　　　　　　　　　]

❻ 9時16分から　9時48分までの　時間

[　　　　　　　　　　]

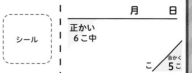

# LESSON 23

## 100を こえる 数① かず

シール

月　　日

正かい
6こ中

こ ／ 合かく
5こ

**1** つぎの 数を 数字で 書きましょう。 すうじ か

❶ 100を 3こ, 10を 7こ 合わせた 数 あ

[　　　　　　　]

❷ 100を 5こ, 1を 2こ 合わせた 数

[　　　　　　　]

❸ 100を 8こ, 10を 9こ, 1を 5こ
合わせた 数

[　　　　　　　]

❹ 100を 2こ, 10を 7こ 1を 3こ
合わせた 数

[　　　　　　　]

❺ 百のくらいの 数が 4, 十のくらいの 数
が 3, 一のくらいの 数が 8

[　　　　　　　]

❻ 百のくらいの 数が 9, 十のくらいの 数
が 0, 一のくらいの 数が 6

[　　　　　　　]

23

答えは 74 ページ☞

# 100 を
# こえる 数 ②

シール

正かい
7こ中

月　　日

こ／合かく
6こ

**1** つぎの 数を 数字で 書きましょう。

① 10 を 47こ あつめた 数

[ 　　　　　 ]

② 100 を 8こ あつめた 数

[ 　　　　　 ]

③ 10 を 55こ あつめた 数

[ 　　　　　 ]

④ 10 を 100こ あつめた 数

[ 　　　　　 ]

⑤ 100 を 10こ あつめた 数

[ 　　　　　 ]

⑥ 899 より 1 大きい 数

[ 　　　　　 ]

⑦ 500 より 1 小さい 数

[ 　　　　　 ]

答えは 74 ページ☞

LESSON
# 25

たし算 ③

シール

月　　日

正かい
14こ中

こ／合かく 12こ

**1** 計算を しましょう。

❶ 80+50

❷ 90+40

❸ 20+90

❹ 60+70

❺ 50+60

❻ 80+60

❼ 90+30

❽ 40+80

❾ 200+200

❿ 500+400

⓫ 400+200

⓬ 300+600

⓭ 500+300

⓮ 200+800

# ひき算 ③

**1** 計算を しましょう。

❶ 150−60

❷ 120−40

❸ 130−50

❹ 180−90

❺ 120−60

❻ 140−80

❼ 110−70

❽ 160−90

❾ 800−200

❿ 400−100

⓫ 900−800

⓬ 500−300

⓭ 700−500

⓮ 1000−400

LESSON
# 27

長さの 計算 ③

シール

月　　日

正かい
7こ中

こ / 合かく 6こ

**1** 計算を しましょう。

① 2 m＋5 m

② 3 m＋40 cm

③ 1 m 20 cm＋60 cm

④ 3 m 50 cm＋5 m

⑤ 3 m 30 cm＋1 m 50 cm

⑥ 4 m 10 cm＋6 m 20 cm

⑦ 2 m 30 cm＋4 m 70 cm

答えは 74 ページ

LESSON
**28**

長<sub>なが</sub>さの 計算<sub>けいさん</sub> ④

シール

月　　日

正かい
7こ中

こ／合かく
6こ

**1** 計算を しましょう。

❶ 6 m－4 m

❷ 3 m 50 cm－30 cm

❸ 6 m 40 cm－2 m

❹ 3 m 80 cm－1 m 50 cm

❺ 6 m 30 cm－2 m 20 cm

❻ 5 m 40 cm－3 m 40 cm

❼ 5 m－2 m 60 cm

5 m は
4 m 100 cm
だね。

答えは 75 ページ

（　）を　つかった
しき ①

**1** 計算を　しましょう。

❶ 7+(6+4)

❷ 6+(8+2)

❸ 5+(9+1)

❹ 8+(3+7)

❺ 9+(5+5)

❻ 4+(7+3)

❼ 21+(4+6)

❽ 39+(3+7)

❾ 53+(9+1)

❿ 13+(8+2)

⓫ 46+(7+3)

⓬ 66+(6+4)

⓭ 78+(5+5)

⓮ 87+(4+6)

答えは 75 ページ

**1** 計算を　しましょう。

❶ 25+(3+2)

❷ 32+(19+1)

❸ 16+(15+5)

❹ 68+(23+7)

❺ 27+(26+4)

❻ 40+(30+30)

❼ 75+(2+3)

❽ 20+(16+4)

❾ 35+(4+1)

❿ 14+(57+3)

⓫ 47+(49+1)

⓬ 55+(1+4)

⓭ 63+(13+7)

⓮ 70+(20+10)

答えは 75 ページ

# まとめテスト ⑦

**1** つぎの 数を 数字で 書きましょう。

❶ 10 を 53こ あつめた 数

[　　　　　　]

❷ 100 を 4こ, 1を 7こ 合わせた 数

[　　　　　　]

❸ 百のくらいの 数が 2, 十のくらいの 数
が 8, 一のくらいの 数が 1

[　　　　　　]

**2** 計算を しましょう。

❶ 3 m 20 cm＋2 m 60 cm

❷ 4 m 90 cm−30 cm

❸ 2 m 40 cm−2 m 10 cm

LESSON

**32**

## まとめテスト ⑧

シール

月　　日

正かい
14こ中

こ／合かく 12こ

**1** 計算を しましょう。

❶ 30+90

❷ 80+70

❸ 70+70

❹ 200+500

❺ 170−80

❻ 150−70

❼ 800−400

❽ 69+(6+4)

❾ 34+(9+1)

❿ 56+(7+3)

⓫ 88+(4+6)

⓬ 45+(13+2)

⓭ 16+(16+4)

⓮ 33+(17+33)

たし算の ひっ算 ④

月　日
正かい
12こ中
こ／合かく 10こ

## 1 計算を しましょう。

❶
```
   46
 +92
```

❷
```
   50
 +76
```

❸
```
   35
 +83
```

❹
```
   67
 +52
```

❺
```
   85
 +73
```

❻
```
   22
 +87
```

❼
```
   80
 +57
```

❽
```
   48
 +81
```

❾
```
   75
 +73
```

❿
```
   14
 +90
```

⓫
```
   74
 +90
```

⓬
```
   81
 +95
```

答えは 75 ページ

# たし算の ひっ算 ⑤

シール

月　　　日

正かい
12こ中

こ　／合かく
10こ

---

**1** 計算を しましょう。

❶　　98
　　+26

❷　　57
　　+74

❸　　58
　　+84

❹　　97
　　+35

❺　　78
　　+46

❻　　36
　　+84

❼　　82
　　+39

❽　　46
　　+68

❾　　93
　　+58

❿　　68
　　+54

⓫　　86
　　+47

⓬　　77
　　+94

---

答えは 75 ページ☞

LESSON
**35**

たし算の ひっ算 ⑥

シール

月　日

正かい
12こ中

こ ／ 合かく
10こ

## 1 計算を しましょう。

① 　 5 4
　 ＋4 7

② 　 2 7
　 ＋7 8

③ 　 6 5
　 ＋3 9

④ 　 4 8
　 ＋5 2

⑤ 　 3 6
　 ＋6 7

⑥ 　 1 5
　 ＋8 5

⑦ 　 9 4
　 ＋　 9

⑧ 　 9 6
　 ＋　 8

⑨ 　 9 5
　 ＋　 7

⑩ 　 9 2
　 ＋　 8

⑪ 　 9 7
　 ＋　 3

⑫ 　 9 5
　 ＋　 5

たし算の　ひっ算 ⑦

シール

月　　日

正かい
12こ中

こ／合かく
10こ

**1** 計算を　しましょう。

① 　213
　＋　45

② 　373
　＋　26

③ 　704
　＋　52

④ 　528
　＋　34

⑤ 　419
　＋　73

⑥ 　148
　＋　25

⑦ 　633
　＋　49

⑧ 　248
　＋　25

⑨ 　375
　＋　19

⑩ 　105
　＋　　8

⑪ 　439
　＋　　5

⑫ 　726
　＋　　7

答えは 76 ページ

## LESSON 37

# 3つの 数の たし算 ①

シール

月　日

正かい
9こ中

こ／合かく 8こ

---

**1** 計算を しましょう。

① 
```
   1 6
   4 1
 + 3 0
```

② 
```
   2 2
   1 4
 + 5 3
```

③ 
```
   1 5
   3 8
 + 2 4
```

④ 
```
   3 1
   4 2
 + 5 3
```

⑤ 
```
   1 4
   3 3
 + 5 2
```

⑥ 
```
   6 6
   7 2
 + 5 1
```

⑦ 
```
   5 4
   1 2
 + 4 3
```

⑧ 
```
   1 7
   3 3
 + 4 4
```

⑨ 
```
   1 1
   4 2
 + 2 6
```

2つの ときと
同じように
計算しよう。

37　　　答えは 76 ページ ☞

## LESSON 38

# 3つの 数の たし算 ②

シール

月　　日

正かい
9こ中

こ／合かく **8**こ

**1** 計算を しましょう。

❶
```
   4 8
   5 6
 + 3 7
```

❷
```
   2 8
   7 7
 + 3 9
```

❸
```
   6 8
   8 2
 + 1 4
```

❹
```
   7 4
   5 5
 + 4 6
```

❺
```
   3 5
   6 4
 + 2 3
```

❻
```
   6 7
   3 4
 + 5 1
```

❼
```
   8 7
   7 2
 + 1 8
```

❽
```
   6 9
   1 9
 + 4 8
```

❾
```
   2 9
   3 4
 + 4 2
```

# ひき算の ひっ算 ④

**1** 計算を しましょう。

① 　１２３
　－　７２

② 　１３７
　－　６５

③ 　１０８
　－　２６

④ 　１５５
　－　６３

⑤ 　１１９
　－　９７

⑥ 　１０７
　－　５４

⑦ 　１７８
　－　８４

⑧ 　１６５
　－　９２

⑨ 　１４４
　－　６３

⑩ 　１０５
　－　３１

⑪ 　１２６
　－　４３

⑫ 　１３９
　－　５２

答えは 76 ページ ☞

シール

**1** 計算を しましょう。

① 　116
　－　87

② 　135
　－　69

③ 　142
　－　56

④ 　143
　－　76

⑤ 　123
　－　47

⑥ 　150
　－　85

⑦ 　181
　－　92

⑧ 　154
　－　96

⑨ 　118
　－　39

⑩ 　162
　－　65

⑪ 　174
　－　78

⑫ 　140
　－　41

答えは 76 ページ☞

**1** 計算を しましょう。

① 
```
  1 0 3
-   4 8
```

② 
```
  1 0 2
-   5 3
```

③ 
```
  1 0 7
-   6 9
```

④ 
```
  1 0 1
-   7 2
```

⑤ 
```
  1 0 5
-   8 8
```

⑥ 
```
  1 0 6
-     9
```

⑦ 
```
  1 0 0
-   4 3
```

⑧ 
```
  1 0 0
-   8 2
```

⑨ 
```
  1 0 0
-   2 6
```

⑩ 
```
  1 0 0
-   5 4
```

⑪ 
```
  1 0 0
-     8
```

⑫ 
```
  1 0 0
-     3
```

答えは 76 ページ☞

# ひき算の ひっ算 ⑦

**1** 計算を しましょう。

① 　274
　－　52

② 　687
　－　25

③ 　456
　－　30

④ 　361
　－　28

⑤ 　793
　－　69

⑥ 　560
　－　37

⑦ 　661
　－　53

⑧ 　342
　－　25

⑨ 　480
　－　32

⑩ 　813
　－　　7

⑪ 　574
　－　　9

⑫ 　621
　－　　8

答えは 76 ページ☞

# まとめテスト ⑨

**1** 計算を しましょう。

❶
```
   6 4
 + 8 5
```

❷
```
   1 7
 + 9 2
```

❸
```
   8 6
 + 3 3
```

❹
```
   2 5
 + 8 5
```

❺
```
   6 5
 + 4 9
```

❻
```
   1 6
 + 8 5
```

❼
```
   3 6 2
 +   1 5
```

❽
```
   4 2 9
 +   3 6
```

❾
```
   5 6 1
 +   7 3
```

❿
```
   7 6
   5 1
 + 3 7
```

⓫
```
   5 8
   4 2
 + 3 7
```

⓬
```
   2 6
   6 6
 + 8 8
```

答えは 76 ページ☞

# まとめテスト ⑩

**1** 計算を しましょう。

① 
$$
\begin{array}{r}
154 \\
- \phantom{0}71 \\
\hline
\end{array}
$$

② 
$$
\begin{array}{r}
189 \\
- \phantom{0}94 \\
\hline
\end{array}
$$

③ 
$$
\begin{array}{r}
135 \\
- \phantom{0}73 \\
\hline
\end{array}
$$

④ 
$$
\begin{array}{r}
169 \\
- \phantom{0}85 \\
\hline
\end{array}
$$

⑤ 
$$
\begin{array}{r}
147 \\
- \phantom{0}73 \\
\hline
\end{array}
$$

⑥ 
$$
\begin{array}{r}
118 \\
- \phantom{0}32 \\
\hline
\end{array}
$$

⑦ 
$$
\begin{array}{r}
106 \\
- \phantom{0}77 \\
\hline
\end{array}
$$

⑧ 
$$
\begin{array}{r}
103 \\
- \phantom{0}98 \\
\hline
\end{array}
$$

⑨ 
$$
\begin{array}{r}
100 \\
- \phantom{0}75 \\
\hline
\end{array}
$$

⑩ 
$$
\begin{array}{r}
527 \\
- \phantom{0}16 \\
\hline
\end{array}
$$

⑪ 
$$
\begin{array}{r}
641 \\
- \phantom{0}29 \\
\hline
\end{array}
$$

⑫ 
$$
\begin{array}{r}
308 \\
- \phantom{0}35 \\
\hline
\end{array}
$$

答えは 77 ページ☞

たし算の 虫食い算 ①

**1**　□に　あてはまる　数を　書きましょう。

❶
```
   3 □
+  □ 3
─────
   8 5
```

❷
```
   2 □
+  □ 1
─────
   6 7
```

❸
```
   □ 6
+  2 □
─────
   5 9
```

❹
```
   □ 2
+  1 □
─────
   9 4
```

❺
```
   5 □
+  □ 4
─────
   6 4
```

❻
```
   □ 3
+  4 □
─────
   7 6
```

一のくらいから
考えよう。

答えは 77 ページ☞

LESSON
46

たし算の　虫食い算 ②

シール

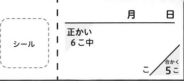

月　　日

正かい
6こ中

こ／合かく
5こ

**1** ☐に　あてはまる　数を　書きましょう。

❶
```
    3 ☐
  + ☐ 8
  ─────
    9 4
```

❷
```
    3 ☐
  + ☐ 3
  ─────
    5 1
```

❸
```
    3 ☐
  + ☐ 4
  ─────
    8 0
```

❹
```
    1 ☐
  + ☐ 9
  ─────
    4 6
```

❺
```
    ☐ 6
  + 5 ☐
  ─────
    9 2
```

❻
```
    ☐ 7
  + 2 ☐
  ─────
    6 5
```

答えは 77 ページ☞

# たし算の 虫食い算 ③

**1** □に あてはまる 数を 書きましょう。

❶
```
    7 □
+   □ 3
─────
  1 2 7
```

❷
```
    2 □
+   □ 6
─────
  1 0 9
```

❸
```
    □ 2
+   7 □
─────
  1 6 4
```

❹
```
    □ 8
+   8 □
─────
  1 5 1
```

❺
```
    6 □
+   □ 4
─────
  1 0 3
```

❻
```
    □ 9
+   9 □
─────
  1 8 6
```

# たし算の 虫食い算 ④

**1** □に あてはまる 数を 書きましょう。

❶
```
  □ □ 4
+   1 □
-------
  2 4 9
```

❷
```
  3 2 □
+   □ 3
-------
  □ 8 4
```

❸
```
  □ □ 4
+   2 □
-------
  5 7 7
```

❹
```
  6 □ 8
+   3 □
-------
  □ 7 1
```

❺
```
  3 4 □
+   □ 9
-------
  □ 9 6
```

❻
```
  □ 1 □
+   □ 3
-------
  8 5 0
```

答えは 77 ページ

**1**　□に　あてはまる　数を　書きましょう。

① 
```
  6 □
- □ 1
─────
  1 5
```

② 
```
  8 □
- □ 3
─────
  2 2
```

③ 
```
  □ 7
- 1 □
─────
  4 1
```

④ 
```
  □ 9
- 3 □
─────
  5 4
```

⑤ 
```
  5 □
- □ 4
─────
  3 4
```

⑥ 
```
  □ 7
- 2 □
─────
  7 3
```

49

答えは 77 ページ

# ひき算の 虫食い算 ②

**1** □に あてはまる 数を 書きましょう。

① 
```
   □ 4
 − 3 □
 ─────
   4 8
```

② 
```
   □ 3
 − 2 □
 ─────
   1 5
```

③ 
```
   6 □
 − □ 8
 ─────
   2 3
```

④ 
```
   9 □
 − □ 7
 ─────
   3 6
```

⑤ 
```
   7 □
 − □ 3
 ─────
   2 7
```

⑥ 
```
   □ 6
 − 5 □
 ─────
     9
```

どれも くり下がりが あるよ。

答えは 77 ページ☞

# ひき算の 虫食い算 ③

## 1 □に あてはまる 数を 書きましょう。

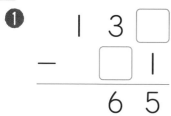

① 
```
  1 3 □
-   □ 1
───────
  6 5
```

② 
```
  1 □ 8
-   3 □
───────
  8 2
```

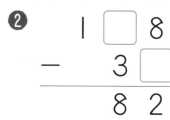

③ 
```
  □ 1 □
-   □ 2
───────
  4 7
```

④ 
```
  1 □ 3
-   6 □
───────
  8 9
```

⑤ 
```
  1 4 □
-   □ 6
───────
  7 4
```

⑥ 
```
  □ □ 2
-   8 □
───────
  9 8
```

答えは 77 ページ☞

LESSON
**52**

ひき算の　虫食い算 ④

シール

月　　日

正かい
6こ中

こ／合かく 5こ

## 1 □に　あてはまる　数を　書きましょう。

**①**

```
  1 0 □
-   □ 8
─────
  4 5
```

**②**

```
  1 □ 6
-   2 □
─────
  7 9
```

**③**

```
  □ 0 □
-   □ 3
─────
  5 7
```

**④**

```
  □ 6 □
-   □ 2
─────
  4 1 5
```

**⑤**

```
  □ □ 1
-   3 □
─────
  2 5 9
```

**⑥**

```
  □ □ 3
-   2 □
─────
  5 2 4
```

答えは 78 ページ☞

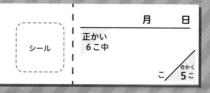

LESSON
53

まとめテスト ⑪

シール

月　　日

正かい
6こ中

こ / 合かく 5こ

**1** □に あてはまる 数を 書きましょう。

❶
$$
\begin{array}{r}
7\ \square \\
-\ \square\ 2 \\
\hline
3\ 5
\end{array}
$$

❷
$$
\begin{array}{r}
3\ \square \\
+\ \square\ 3 \\
\hline
6\ 2
\end{array}
$$

❸
$$
\begin{array}{r}
\square\ 5 \\
+\ 2\ \square \\
\hline
8\ 1
\end{array}
$$

❹
$$
\begin{array}{r}
\square\ 1 \\
-\ 1\ \square \\
\hline
3\ 4
\end{array}
$$

❺
$$
\begin{array}{r}
9\ \square \\
-\ \square\ 4 \\
\hline
4\ 8
\end{array}
$$

❻
$$
\begin{array}{r}
\square\ 7 \\
+\ 1\ \square \\
\hline
7\ 0
\end{array}
$$

答えは 78 ページ

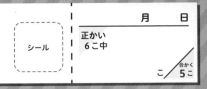
**1** □に　あてはまる　数を　書きましょう。

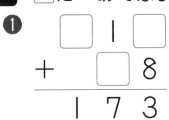

❶
```
    □ 1 □
  +   □ 8
  ─────────
    1 7 3
```

❷
```
    1 □ 4
  -   5 □
  ─────────
      7 8
```

❸
```
    □ 2 □
  -   □ 4
  ─────────
      4 9
```

❹
```
    □ 1 □
  +   □ 8
  ─────────
    5 8 7
```

❺
```
    □ □ 6
  +   6 □
  ─────────
    2 7 3
```

❻
```
    □ 7 □
  -   □ 4
  ─────────
    6 1 6
```

答えは 78 ページ☞

# かけ<ruby>算<rt>ざん</rt></ruby> ①

**1** <ruby>計算<rt>けいさん</rt></ruby>を　しましょう。

❶ 5×2

❷ 5×6

❸ 5×3

❹ 5×7

❺ 5×5

❻ 5×8

❼ 5×9

❽ 5×3

❾ 5×6

❿ 5×1

⓫ 5×7

⓬ 5×4

⓭ 5×8

⓮ 5×5

5のだんの
九九だね。

答えは 78 ページ☞

# かけ算 ②

**1** 計算を　しましょう。

❶ 2×6　　　　❷ 2×5

❸ 2×1　　　　❹ 2×3

❺ 2×8　　　　❻ 2×9

❼ 2×2　　　　❽ 2×7

❾ 2×5　　　　❿ 2×6

⓫ 2×4　　　　⓬ 2×1

⓭ 2×9　　　　⓮ 2×8

# かけ算 ③

**1** 計算を しましょう。

❶ 3×4

❷ 3×3

❸ 3×8

❹ 3×6

❺ 3×9

❻ 3×7

❼ 3×2

❽ 3×5

❾ 3×7

❿ 3×4

⓫ 3×1

⓬ 3×2

⓭ 3×3

⓮ 3×9

LESSON
58

かけ算 ④

シール

月　　日

正かい
14こ中

こ／合かく 12こ

**1** 計算を しましょう。

① 4×6

② 4×5

③ 4×7

④ 4×3

⑤ 4×8

⑥ 4×9

⑦ 4×4

⑧ 4×2

⑨ 4×1

⑩ 4×6

⑪ 4×3

⑫ 4×7

⑬ 4×5

⑭ 4×2

# かけ算 ⑤

**1** 計算を しましょう。

❶ 6×3

❷ 6×9

❸ 6×1

❹ 6×6

❺ 6×8

❻ 6×7

❼ 6×4

❽ 6×2

❾ 6×5

❿ 6×6

⓫ 6×3

⓬ 6×4

⓭ 6×9

⓮ 6×8

答えは 78 ページ ☞

# かけ算 ⑥

**1** 計算を しましょう。

❶ 7×8

❷ 7×4

❸ 7×1

❹ 7×5

❺ 7×2

❻ 7×3

❼ 7×9

❽ 7×7

❾ 7×4

❿ 7×8

⓫ 7×5

⓬ 7×9

⓭ 7×3

⓮ 7×6

答えは 79 ページ

# かけ算 ⑦

**1** 計算を　しましょう。

❶ 8×5

❷ 8×2

❸ 8×6

❹ 8×8

❺ 8×7

❻ 8×4

❼ 8×5

❽ 8×1

❾ 8×3

❿ 8×9

⓫ 8×8

⓬ 8×2

⓭ 8×6

⓮ 8×7

答えは 79 ページ ☞

# かけ算 ⑧

**1** 計算を　しましょう。

① 9×4

② 9×2

③ 9×6

④ 9×9

⑤ 9×5

⑥ 9×8

⑦ 9×1

⑧ 9×6

⑨ 9×8

⑩ 9×4

⑪ 9×7

⑫ 9×3

⑬ 9×2

⑭ 9×5

答えは 79 ページ

# かけ算 ⑨

**1** 計算を しましょう。

❶ 1×7

❷ 1×5

❸ 1×8

❹ 1×3

❺ 1×2

❻ 1×6

❼ 1×4

❽ 1×1

❾ 1×6

❿ 1×3

⓫ 1×7

⓬ 1×4

⓭ 1×5

⓮ 1×9

答えは 79 ページ☞

LESSON

**64**

かけ算 ⑩

シール

月　　日

正かい
9こ中

こ／合かく
8こ

**1** □に あてはまる 数を 書きましょう。

❶ 6×4 は 6×3 より □ 大きい。

❷ 8×7 は 8×6 より □ 大きい。

❸ 3×5 は 3×4 より □ 大きい。

❹ 5×6 は 5×□ より 5 大きい。

❺ 2×9 は 2×□ より 2 大きい。

❻ 4×5＝5×□

❼ 7×2＝2×□

❽ 9×1＝1×□

❾ 1×3＝3×□

答えは 79 ページ

LESSON

**65**

かけ算 ⑪

シール

月　日

正かい
7こ中

こ／合かく
6こ

**1** 計算を　しましょう。

❶ 2×11

❷ 4×12

❸ 3×10

❹ 5×11

❺ 12×3

❻ 11×4

❼ 13×2

3×10 は
3×9 より
3 大きいね。

答えは 79 ページ ☞

# 1000 を こえる 数 (かず) ①

シール

月　　日

正かい
5こ中

こ／合かく
4こ

**1** ☐に あてはまる 数を 書(か)きましょう。

❶ 1000 を 3こ, 100 を 5こ 合(あ)わせた

数は ☐ です。

❷ 1000 を 5こ, 10 を 2こ 合わせた

数は ☐ です。

❸ 1000 を 6こ, 1 を 7こ 合わせた数は

☐ です。

❹ 1000 を 7こ, 100 を 3こ 10 を 5

こ 合わせた 数は ☐ です。

❺ 5168 は, 1000 を ☐ こ, 100 を

☐ こ, 10 を ☐ こ, 1 を ☐

こ 合わせた 数です。

答えは 80 ページ☞

# 1000を こえる 数 ②

**1** □に あてはまる 数を 書きましょう。

❶ 1000を 7こ あつめた 数は

[　　　　] です。

❷ 100を 50こ あつめた 数は

[　　　　] です。

❸ 100を 35こ あつめた 数は

[　　　　] です。

❹ 1000を 10こ あつめた 数は

[　　　　] です。

❺ 6000は, 1000を [　　] に あつめた 数です。

❻ 7000は, 100を [　　] に あつめた数 です。

シール

月　　日

正かい
14こ中

こ／合かく 12こ

**1** 計算（けいさん）を　しましょう。

❶ 500+600

❷ 400+800

❸ 900+200

❹ 600+700

❺ 500+800

❻ 300+900

❼ 2000+3000

❽ 5000+2000

❾ 1200−300

❿ 1400−900

⓫ 1100−800

⓬ 1500−700

⓭ 6000−2000

⓮ 9000−5000

答えは 80 ページ☞

# まとめテスト ⑬

**1** 計算を　しましょう。

❶ $2 \times 2$　　　　❷ $8 \times 3$

❸ $5 \times 7$　　　　❹ $3 \times 6$

❺ $6 \times 9$　　　　❻ $1 \times 2$

❼ $7 \times 6$　　　　❽ $2 \times 4$

❾ $4 \times 3$　　　　❿ $9 \times 7$

⓫ $5 \times 5$　　　　⓬ $6 \times 5$

⓭ $12 \times 3$　　　　⓮ $11 \times 4$

答えは 80 ページ☞

# まとめテスト ⑭

**1** ［　　］に　あてはまる　数を　書きましょう。

❶ 1000 を　4 こ，100 を　3 こ　合わせた

数は ［　　　　　］ です。

❷ 1000 を　8 こ，10 を　2 こ　合わせた

数は ［　　　　　］ です。

❸ 3724 は　1000 を ［　　　］ こ，100 を

［　　　］ こ，10 を ［　　　］ こ，1 を ［　　　］ こ

合わせた　数です。

❹ 100 を　24 こ　あつめた　数は

［　　　　　］です。

❺ 5400 は　100 を ［　　　］ こ　あつめた

数です。

❻ 10000 は　100 を ［　　　　］ こ　あつめた

数です。

答えは 80 ページ

# 答　え
## 計算 2 年

### ① たし算 ①　　　　　1ページ

**1**
| ❶ 83 | ❷ 86 |
|---|---|
| ❸ 37 | ❹ 98 |
| ❺ 92 | ❻ 78 |
| ❼ 97 | ❽ 69 |
| ❾ 88 | ❿ 68 |
| ⓫ 73 | ⓬ 97 |
| ⓭ 99 | ⓮ 78 |

### ② たし算 ②　　　　　2ページ

**1**
| ❶ 30 | ❷ 50 |
|---|---|
| ❸ 62 | ❹ 32 |
| ❺ 41 | ❻ 71 |
| ❼ 92 | ❽ 83 |
| ❾ 53 | ❿ 72 |
| ⓫ 61 | ⓬ 41 |
| ⓭ 33 | ⓮ 83 |

**アドバイス** くり上がりのある計算です。くり上がった数を忘れないように，指を折る，メモをするなどの習慣づけをしましょう。

### ③ ひき算 ①　　　　　3ページ

**1**
| ❶ 17 | ❷ 21 |
|---|---|
| ❸ 15 | ❹ 13 |
| ❺ 56 | ❻ 41 |
| ❼ 34 | ❽ 21 |
| ❾ 32 | ❿ 11 |
| ⓫ 13 | ⓬ 16 |
| ⓭ 32 | ⓮ 36 |

### ④ ひき算 ②　　　　　4ページ

**1**
| ❶ 16 | ❷ 56 |
|---|---|
| ❸ 57 | ❹ 26 |
| ❺ 14 | ❻ 69 |
| ❼ 75 | ❽ 86 |
| ❾ 35 | ❿ 39 |
| ⓫ 59 | ⓬ 43 |
| ⓭ 34 | ⓮ 68 |

**アドバイス** 答えの確かめはたし算でできます。
❶ 16+5 の答えは 21 なので，
21−5＝16 は正しいということが確かめられます。

### ⑤ まとめテスト ①　　　　5ページ

**1**
| ❶ 22 | ❷ 52 |
|---|---|
| ❸ 74 | ❹ 41 |
| ❺ 31 | ❻ 94 |
| ❼ 74 | ❽ 95 |
| ❾ 97 | ❿ 81 |
| ⓫ 51 | ⓬ 78 |
| ⓭ 65 | ⓮ 99 |

### ⑥ まとめテスト ②　　　　6ページ

**1**
| ❶ 17 | ❷ 66 |
|---|---|
| ❸ 34 | ❹ 47 |
| ❺ 68 | ❻ 89 |
| ❼ 41 | ❽ 15 |

❾ 59　　❿ 47

⓫ 21　　⓬ 22

⓭ 68　　⓮ 42

## ⑦ たし算の　ひっ算 ①　　7ページ

**1**　❶29　❷68　❸49

❹96　❺56　❻95

❼45　❽69　❾79

❿83　⓫59　⓬76

**アドバイス** ❶たす数とたされる数のけた数が逆になったときも，同じ位どうしを計算することを身につけさせてください。

## ⑧ たし算の　ひっ算 ②　　8ページ

**1**　❶31　❷61　❸91

❹70　❺43　❻83

❼51　❽92　❾61

❿42　⓫82　⓬30

**アドバイス** 十の位の数字にくり上がった数をたすことを忘れないようにさせます。

## ⑨ たし算の　ひっ算 ③　　9ページ

**1**　❶61　❷83　❸74

❹91　❺60　❻92

❼93　❽91　❾52

❿90　⓫41　⓬60

**アドバイス** 2けたどうしの計算ですが，くり上がりに注意すれば1けたずつの計算と変わりません。

## ⑩ ひき算の　ひっ算 ①　　10ページ

**1**　❶45　❷72　❸23

❹35　❺24　❻64

❼11　❽16　❾14

❿53　⓫23　⓬57

**アドバイス** くり下がりのないひき算です。1けたずつ計算しましょう。

## ⑪ ひき算の　ひっ算 ②　　11ページ

**1**　❶18　❷25　❸85

❹43　❺78　❻48

❼38　❽38　❾77

❿58　⓫68　⓬88

**アドバイス** ❶一の位の計算で，14−6と考えることを理解させてください。十の位の数が1小さくなることに注意します。

## ⑫ ひき算の　ひっ算 ③　　12ページ

**1**　❶28　❷8　❸58

❹66　❺27　❻34

❼16　❽16　❾68

❿36　⓫58　⓬29

## ⑬ まとめテスト ③　　13ページ

**1**　❶44　❷38　❸87

❹79　❺30　❻41

❼91　❽50　❾41

❿51　⓫94　⓬80

## ⑭ まとめテスト ④　　14ページ

**1**　❶15　❷36　❸22

❹32　❺15　❻78

❼27　❽56　❾27

❿28　⓫55　⓬28

## ⑮ 長さの 計算 ①　　15ページ

**1**
- ❶ 27 cm
- ❷ 8 mm
- ❸ 7 cm 5 mm
- ❹ 14 cm 7 mm
- ❺ 4 cm 8 mm
- ❻ 7 cm
- ❼ 60 cm 7 mm

**アドバイス** 長さの単位を整理しておきましょう。同じ単位のものどうし計算することを十分に指導してください。❻は 6 cm 10 mm としないよう注意してください。

## ⑯ 長さの 計算 ②　　16ページ

**1**
- ❶ 49 cm
- ❷ 7 mm
- ❸ 2 cm 3 mm
- ❹ 1 cm 2 mm
- ❺ 8 cm 3 mm
- ❻ 6 cm
- ❼ 1 cm 3 mm

## ⑰ かさの 計算 ①　　17ページ

**1**
- ❶ 3 L
- ❷ 10 dL(1 L)
- ❸ 1 L 5 dL
- ❹ 2 L 9 dL
- ❺ 2 L(20 dL)
- ❻ 4 L 6 dL
- ❼ 2 L 8 dL

## ⑱ かさの 計算 ②　　18ページ

**1**
- ❶ 3 L
- ❷ 5 dL
- ❸ 2 L 2 dL
- ❹ 3 L 2 dL
- ❺ 4 L
- ❻ 1 L 3 dL
- ❼ 5 dL

## ⑲ 時間の 計算 ①　　19ページ

**1**
- ❶ 10 時 30 分
- ❷ 1 時 15 分
- ❸ 11 時 30 分
- ❹ 1 時 20 分
- ❺ 6 時 28 分
- ❻ 10 時 52 分

## ⑳ 時間の 計算 ②　　20ページ

**1**
- ❶ 2 時間
- ❷ 7 時間
- ❸ 30 分
- ❹ 40 分
- ❺ 20 分
- ❻ 48 分

## ㉑ まとめテスト ⑤　　21ページ

**1**
- ❶ 9 cm 6 mm
- ❷ 6 cm 9 mm
- ❸ 2 cm 4 mm
- ❹ 12 cm 2 mm

⑤ 3 L（30 dL）

⑥ 4 L 6 dL

⑦ 1 L 5 dL（15 dL）

㉒ **まとめテスト ⑥**　　　　**22 ページ**

**1**　❶ 10 時 20 分

　　❷ 1 時 48 分

　　❸ 7 時 19 分

　　❹ 15 分

　　❺ 25 分

　　❻ 32 分

㉓ **100 を　こえる　数 ①**　**23 ページ**

**1**　❶ 370

　　❷ 502

　　❸ 895

　　❹ 273

　　❺ 438

　　❻ 906

アドバイス ❶まず 300 と 70 にしてから
たし算をします。
❺位の意味を理解させてください。400,
30，8 としてからたし算するのはよい方
法ではありません。

㉔ **100 を　こえる　数 ②**　**24 ページ**

**1**　❶ 470

　　❷ 800

　　❸ 550

　　❹ 1000

　　❺ 1000

　　❻ 900

⑦ 499

アドバイス ❶「10 の束が 47 個ある数」
と考えます。

㉕ **たし算 ③**　　　　　　　**25 ページ**

**1**　❶ 130　　　　❷ 130

　　❸ 110　　　　❹ 130

　　❺ 110　　　　❻ 140

　　❼ 120　　　　❽ 120

　　❾ 400　　　　❿ 900

　　⓫ 600　　　　⓬ 900

　　⓭ 800　　　　⓮ 1000

㉖ **ひき算 ③**　　　　　　　**26 ページ**

**1**　❶ 90　　　　❷ 80

　　❸ 80　　　　❹ 90

　　❺ 60　　　　❻ 60

　　❼ 40　　　　❽ 70

　　❾ 600　　　　❿ 300

　　⓫ 100　　　　⓬ 200

　　⓭ 200　　　　⓮ 600

㉗ **長さの　計算 ③**　　　　**27 ページ**

**1**　❶ 7 m

　　❷ 3 m 40 cm

　　❸ 1 m 80 cm

　　❹ 8 m 50 cm

　　❺ 4 m 80 cm

　　❻ 10 m 30 cm

　　❼ 7 m

## ㉘ 長さの　計算 ④　28ページ

**1**
- ❶ 2 m
- ❷ 3 m 20 cm
- ❸ 4 m 40 cm
- ❹ 2 m 30 cm
- ❺ 4 m 10 cm
- ❻ 2 m
- ❼ 2 m 40 cm

## ㉙ （　）を　つかった　しき ①　29ページ

**1**
| | |
|---|---|
| ❶ 17 | ❷ 16 |
| ❸ 15 | ❹ 18 |
| ❺ 19 | ❻ 14 |
| ❼ 31 | ❽ 49 |
| ❾ 63 | ❿ 23 |
| ⓫ 56 | ⓬ 76 |
| ⓭ 88 | ⓮ 97 |

**アドバイス** （　）のある式は，（　）の中から先に計算します。
❼ 21+(4+6)=21+10=31
たし算では，たす順序をかえても答えは等しくなります。
21+4+6=25+6=31

## ㉚ （　）を　つかった　しき ②　30ページ

**1**
| | |
|---|---|
| ❶ 30 | ❷ 52 |
| ❸ 36 | ❹ 98 |
| ❺ 57 | ❻ 100 |
| ❼ 80 | ❽ 40 |
| ❾ 40 | ❿ 74 |
| ⓫ 97 | ⓬ 60 |
| ⓭ 83 | ⓮ 100 |

## ㉛ まとめテスト ⑦　31ページ

**1**
- ❶ 530
- ❷ 407
- ❸ 281

**2**
- ❶ 5 m 80 cm
- ❷ 4 m 60 cm
- ❸ 30 cm

## ㉜ まとめテスト ⑧　32ページ

**1**
| | |
|---|---|
| ❶ 120 | ❷ 150 |
| ❸ 140 | ❹ 700 |
| ❺ 90 | ❻ 80 |
| ❼ 400 | ❽ 79 |
| ❾ 44 | ❿ 66 |
| ⓫ 98 | ⓬ 60 |
| ⓭ 36 | ⓮ 83 |

## ㉝ たし算の　ひっ算 ④　33ページ

**1**
| | | |
|---|---|---|
| ❶ 138 | ❷ 126 | ❸ 118 |
| ❹ 119 | ❺ 158 | ❻ 109 |
| ❼ 137 | ❽ 129 | ❾ 148 |
| ❿ 104 | ⓫ 164 | ⓬ 176 |

**アドバイス** 十の位にくり上がりがある計算です。百の位に数字をたてるのを忘れないようにしっかり練習しましょう。

## ㉞ たし算の　ひっ算 ⑤　34ページ

**1**
| | | |
|---|---|---|
| ❶ 124 | ❷ 131 | ❸ 142 |
| ❹ 132 | ❺ 124 | ❻ 120 |
| ❼ 121 | ❽ 114 | ❾ 151 |
| ❿ 122 | ⓫ 133 | ⓬ 171 |

答え

75

## ㉟ たし算の　ひっ算 ⑥　35ページ

**1** ❶101 ❷105 ❸104
❹100 ❺103 ❻100
❼103 ❽104 ❾102
❿100 ⓫100 ⓬100

## ㊱ たし算の　ひっ算 ⑦　36ページ

**1** ❶258 ❷399 ❸756
❹562 ❺492 ❻173
❼682 ❽273 ❾394
❿113 ⓫444 ⓬733

## ㊲ 3つの　数の　たし算 ①　37ページ

**1** ❶87 ❷89 ❸77
❹126 ❺99 ❻189
❼109 ❽94 ❾79

アドバイス　一の位をたてに計算し，次に十の位をたてに計算します。一の位から十の位にくり上がるときや，十の位から百の位にくり上がるときの計算に注意してください。

## ㊳ 3つの　数の　たし算 ②　38ページ

**1** ❶141 ❷144 ❸164
❹175 ❺122 ❻152
❼177 ❽136 ❾105

## ㊴ ひき算の　ひっ算 ④　39ページ

**1** ❶51 ❷72 ❸82
❹92 ❺22 ❻53
❼94 ❽73 ❾81
❿74 ⓫83 ⓬87

アドバイス　❸108のように，十の位が0のときは間違えやすいので注意して指導してください。答えの百の位に0を書かないように注意しましょう。

## ㊵ ひき算の　ひっ算 ⑤　40ページ

**1** ❶29 ❷66 ❸86
❹67 ❺76 ❻65
❼89 ❽58 ❾79
❿97 ⓫96 ⓬99

## ㊶ ひき算の　ひっ算 ⑥　41ページ

**1** ❶55 ❷49 ❸38
❹29 ❺17 ❻97
❼57 ❽18 ❾74
❿46 ⓫92 ⓬97

## ㊷ ひき算の　ひっ算 ⑦　42ページ

**1** ❶222 ❷662 ❸426
❹333 ❺724 ❻523
❼608 ❽317 ❾448
❿806 ⓫565 ⓬613

## ㊸ まとめテスト ⑨　43ページ

**1** ❶149 ❷109 ❸119
❹110 ❺114 ❻101
❼377 ❽465 ❾634
❿164 ⓫137 ⓬180

## ㊹ まとめテスト ⑩　　44ページ

**1** ❶83　❷95　❸62

❹84　❺74　❻86

❼29　❽5　❾25

❿511　⓫612　⓬273

## ㊺ たし算の　虫食い算 ①　45ページ

**1** （左から順に,）

❶5, 2　　❷4, 6

❸3, 3　　❹8, 2

❺1, 0　　❻3, 3

**アドバイス** □にあてはまる数を求める問題です。この単元はくり上がりのないたし算なので，それぞれの位どうしで計算していきます。
この問題に限らず，□の数を求めたら，必ずもとの計算をして，答えを確かめる習慣をつけるようにしてください。

## ㊻ たし算の　虫食い算 ②　46ページ

**1** （左から順に,）

❶5, 6　　❷1, 8

❸4, 6　　❹2, 7

❺3, 6　　❻3, 8

**アドバイス** 一の位に注目したとき，答えの数がたされる数またはたす数よりも小さいので，くり上がりがあることがわかります。

## ㊼ たし算の　虫食い算 ③　47ページ

**1** （左から順に,）

❶5, 4　　❷8, 3

❸9, 2　　❹6, 3

❺3, 9　　❻8, 7

## ㊽ たし算の　虫食い算 ④　48ページ

**1** （左から順に,）

❶2, 3, 5　　❷3, 6, 1

❸5, 5, 3　　❹6, 3, 3

❺3, 4, 7　　❻8, 3, 7

## ㊾ ひき算の　虫食い算 ①　49ページ

**1** （左から順に,）

❶5, 6　　❷6, 5

❸5, 6　　❹8, 5

❺2, 8　　❻9, 4

## ㊿ ひき算の　虫食い算 ②　50ページ

**1** （左から順に,）

❶8, 6　　❷4, 8

❸3, 1　　❹5, 3

❺4, 0　　❻6, 7

**アドバイス** まず，一の位に注目します。答えの数が，ひかれる数よりも大きくなっていたり，ひく数よりも小さくなっているので，くり下がりがあることがわかります。十の位の数を間違えやすいので，注意しましょう。

## ㊶ ひき算の　虫食い算 ③　51ページ

**1** （左から順に,）

❶7, 6　　❷1, 6

❸1, 7, 9　　❹5, 4

❺6, 0　　❻1, 8, 4

**1**　（左から順に,）

❶ 5, 3　　　❷ 0, 7
❸ 1, 4, 0　❹ 4, 5, 7
❺ 2, 9, 2　❻ 5, 5, 9

53 **まとめテスト ⑪**　　　53 ページ

**1**　（左から順に,）

❶ 4, 7　　❷ 2, 9
❸ 5, 6　　❹ 5, 7
❺ 4, 2　　❻ 5, 3

54 **まとめテスト ⑫**　　　54 ページ

**1**　（左から順に,）

❶ 1, 5, 5　❷ 3, 6
❸ 1, 7, 3　❹ 5, 6, 9
❺ 2, 0, 7　❻ 6, 5, 0

55 **かけ算 ①**　　　55 ページ

**1**
❶ 10　　　❷ 30
❸ 15　　　❹ 35
❺ 25　　　❻ 40
❼ 45　　　❽ 15
❾ 30　　　❿ 5
⓫ 35　　　⓬ 20
⓭ 40　　　⓮ 25

**アドバイス** かけ算九九の練習を十分にしましょう。九九のカードを作って覚えるとよいでしょう。

56 **かけ算 ②**　　　56 ページ

**1**
❶ 12　　　❷ 10
❸ 2　　　　❹ 6
❺ 16　　　❻ 18
❼ 4　　　　❽ 14
❾ 10　　　❿ 12
⓫ 8　　　　⓬ 2
⓭ 18　　　⓮ 16

57 **かけ算 ③**　　　57 ページ

**1**
❶ 12　　　❷ 9
❸ 24　　　❹ 18
❺ 27　　　❻ 21
❼ 6　　　　❽ 15
❾ 21　　　❿ 12
⓫ 3　　　　⓬ 6
⓭ 9　　　　⓮ 27

58 **かけ算 ④**　　　58 ページ

**1**
❶ 24　　　❷ 20
❸ 28　　　❹ 12
❺ 32　　　❻ 36
❼ 16　　　❽ 8
❾ 4　　　　❿ 24
⓫ 12　　　⓬ 28
⓭ 20　　　⓮ 8

59 **かけ算 ⑤**　　　59 ページ

**1**
❶ 18　　　❷ 54
❸ 6　　　　❹ 36
❺ 48　　　❻ 42

**⑦** 24  **⑧** 12

**⑨** 30  **⑩** 36

**⑪** 18  **⑫** 24

**⑬** 54  **⑭** 48

---

**㉠ かけ算 ⑥**  60 ページ

**1**
**①** 56  **②** 28

**③** 7  **④** 35

**⑤** 14  **⑥** 21

**⑦** 63  **⑧** 49

**⑨** 28  **⑩** 56

**⑪** 35  **⑫** 63

**⑬** 21  **⑭** 42

---

**㉑ かけ算 ⑦**  61 ページ

**1**
**①** 40  **②** 16

**③** 48  **④** 64

**⑤** 56  **⑥** 32

**⑦** 40  **⑧** 8

**⑨** 24  **⑩** 72

**⑪** 64  **⑫** 16

**⑬** 48  **⑭** 56

---

**㉒ かけ算 ⑧**  62 ページ

**1**
**①** 36  **②** 18

**③** 54  **④** 81

**⑤** 45  **⑥** 72

**⑦** 9  **⑧** 54

**⑨** 72  **⑩** 36

**⑪** 63  **⑫** 27

**⑬** 18  **⑭** 45

---

**㉓ かけ算 ⑨**  63 ページ

**1**
**①** 7  **②** 5

**③** 8  **④** 3

**⑤** 2  **⑥** 6

**⑦** 4  **⑧** 1

**⑨** 6  **⑩** 3

**⑪** 7  **⑫** 4

**⑬** 5  **⑭** 9

---

**㉔ かけ算 ⑩**  64 ページ

**1**
**①** 6  **②** 8  **③** 3

**④** 5  **⑤** 8  **⑥** 4

**⑦** 7  **⑧** 9  **⑨** 1

🪄**アドバイス** **①**かける数が1増えると，答えはかけられる数だけ大きくなります。
**⑥**かけられる数とかける数を入れかえても，答えは等しくなります。

---

**㉕ かけ算 ⑪**  65 ページ

**1**
**①** 22  **②** 48  **③** 30

**④** 55  **⑤** 36  **⑥** 44

**⑦** 26

🪄**アドバイス** 64 ページで学習したかけ算のきまりを利用します。
**⑤** 12×3=3×12 です。
3×12=3×11+3
3×11=3×10+3
3×10=3×9+3=27+3=30
よって，答えは 30+3+3=36

---

## ⑥⑥ 1000を こえる 数 ① 66ページ

**1**
- ❶ 3500
- ❷ 5020
- ❸ 6007
- ❹ 7350
- ❺ 5, 1, 6, 8

🔈**アドバイス** ❶まず，3000と500になることをおさえ，次に，3000と500で3500と認識します。よく理解できているなら3500という数字がすぐ書けるはずです。

## ⑥⑦ 1000を こえる 数 ② 67ページ

**1**
- ❶ 7000
- ❷ 5000
- ❸ 3500
- ❹ 10000
- ❺ 6
- ❻ 70

## ⑥⑧ 1000を こえる 数 ③ 68ページ

**1**
- ❶ 1100  ❷ 1200
- ❸ 1100  ❹ 1300
- ❺ 1300  ❻ 1200
- ❼ 5000  ❽ 7000
- ❾ 900   ❿ 500
- ⓫ 300   ⓬ 800
- ⓭ 4000  ⓮ 4000

## ⑥⑨ まとめテスト ⑬ 69ページ

**1**
- ❶ 4    ❷ 24
- ❸ 35   ❹ 18
- ❺ 54   ❻ 2
- ❼ 42   ❽ 8
- ❾ 12   ❿ 63
- ⓫ 25   ⓬ 30
- ⓭ 36   ⓮ 44

## ⑦⓪ まとめテスト ⑭ 70ページ

**1**
- ❶ 4300
- ❷ 8020
- ❸ 3, 7, 2, 4
- ❹ 2400
- ❺ 54
- ❻ 100